JN212275

となりの きょうだい
理科でミラクル

もののしくみを大研究 編

となりのきょうだい 原作
アン・チヒョン ストーリー　ユ・ナニ まんが
イ・ジョンモ／となりのきょうだいカンパニー 監修
となりのしまい 訳

東洋経済新報社

もくじ

登場人物

トム

おかしづくりに夢中の兄。
おいしくつくる方法に
興味しんしん。

エイミ

歌が大好きな妹。
マイクのような機械のしくみに
興味しんしん。

トムとエイミは、どこにでもいる

へいぼんなきょうだい。

2人のまわりでは毎日、

楽しいことがたくさん起こるみたい。

さて、今日は何が

始まるのでしょうか?

トムの スペシャルおやつ

#ガムのしくみ　#味の持続性

ある週末の午後

おなかがすいたけど食べるものがない…

うーん 料理できる材料もない…

おなかがすきすぎて冷蔵庫をながめるトム

エイミ 母さんっていつ帰ってくる？

わかんない まだじゃない？

バタンッ！

モグモグ

ん？ あれは…！

カミカミ

6

ギュン！

おい！
口になにか
入ってるだろ！

こっそり
食べてるな？

ビクッ

何!?
急に！

おかしじゃなくて
ガムだよ！

え…

となりのガム

トムはおなかがすいてイライラがマックス

1枚くれない？
ガムでもいいから
なにか口に入れたい…

まさか
ただで？

かわりに
なにもくれない
なら無理

くぅ ケチだな！

そっちが
その気なら…

イラッ

ドスン

ブル

ブル

おがむしか
ない…！

たのむ
オレは朝9時から
何も食べてないんだ
助けてくれ…

は？ 朝ごはん
食べてから3時間しか
たってないよ 大げさ！

トムは3時間食べないだけでふらふらする体質なんだって

ガムはどうしてすぐにあまくなくなるの？

ガムの原料は香りを出す「香料」とねばりけのある食感を出す「ガムベース」、それからあま味を出す「糖類」で構成されているよ。

（図中ラベル）
香料　ガムベース　糖類（砂糖）

ガムベースを拡大すると、あみ目状になっている。この中に香料と糖類を入れると、ガムをかむたびに香りとあま味が出るようになっているんだ。

（図中ラベル）
まばら　⇒　あま味の持続性 ↓
ぎっしり　⇒　あま味の持続性 ↑

ガムの味がいつまで続くかは、香料と糖類の間かくで決まるよ。間かくがせまいほど長く味わえるんだ。

もうかたくなっちゃった　ウェェ…

いっぱん的には 10 〜 30 分ぐらいガムをかむとガムベースの中から糖類と香料がぬけて、かたいガムベースの食感だけが残るよ。

となりのサイエンス

ガムをかみすぎるとあごが四角くなるの？

食べ物を食べるときに口の中の食べ物をかみくだくことを「そしゃく運動」というよ。そしゃく運動のとき、あごの関節まわりの筋肉もいっしょに動くんだけど、かたいものを長い間かみつづけていると、あごの筋肉が発達しすぎて、あごが角ばってくることもあるんだって。

モグ　モグ　食パンみたい　ププ

さわやかな海の香り

#トリメチルアミン　#魚の生ぐささ

エイミ そのじゅうなんざい いくら？

えっと980円

2人はおつかいでスーパーにやってきたよ

となりのは いくら？ そっちのほうが安くない？

こっちは750円だけど…

ササッ

うちで使ってるのはこっちの980円のだから

ラベンダー ダヌイー こうきん 980円

ブイエス VS

ソフトニー 750円

大じょう夫！ 安いほうにしよう！

じゃ これに するね

ふむ ここに 750円足すと…

生活用品

これでだいたい そろったかな あとは？

うん… ミニフライパン きゅうり マグカップでおしまい

お母さんの好きな メーカーは左のだけど…

ブイ エス VS

ダイヤモンド コーティングフライパン 1800円

コスパ満点 ふつうのフライパン 990円

倍の値段だな？ 右のにしよう

右のきゅうりは ちょっとしなってるけど すごく安い…

ブイ エス VS

国産オーガニック きゅうり 350円

輸入きゅうり 120円

きゅうり別に好きじゃ ないし右だな

ふーむ

マグカップは こっちが30円安いぞ マグカップの 値段まで足すと…

水玉のほうが かわいいよ

お得なのはいいけれど、なぜ安いものばかり選ぶのかな？

トムってそんなに計算得意だった？

その後

食べ物のためなら天才になるトムなのです

あらあら、おかしを1つもどさなきゃ

でもなんでオレが持つんだよ

箱見つけてあげたでしょ！

お！あの子うちのモコに似てないか？

ワン！

ほんとだ

めちゃくちゃかわいい〜！

さわってもいいですか？

もちろん

キャキャ

ナデナデ

サバのためにも早く帰ったほうがいいのでは……？

2時間後

ちょっとなんのにおい？

どこで何してたの!?サバから水が出ちゃってダメになったじゃない！

ぜんぶ生ぐさくなってる！

うわああああおかしも〜！

結局2人は、生ぐさいおかしを食べる羽目になったのでした

となりのラーメン

死んだ魚は どうして生ぐさいの？

海に暮らす魚は、筋肉や表面に「酸化トリメチルアミン」という成分があるんだ。この成分は、魚が生きているときは何のにおいもしない。

酸化トリメチルアミンは、魚が海水を飲みこんだあとにエラを通じて塩分を送り出してくれる。体内の塩分調節を助ける役割があるんだ。

でも、魚が死んでから時間がたつと、酸化トリメチルアミンは微生物によって分解されて、「トリメチルアミン」がつくられるよ。

トリメチルアミンはイヤなにおいのする無色のガスで、時間がたつにつれてのう度が上がり、もっとひどいにおいを放つんだ。

となりのサイエンス

魚料理にレモンをかけるのはどうして？

魚の生ぐささの原因であるトリメチルアミンは塩基性物質で、レモンじるは酸性物質なんだ。塩基性物質と酸性物質が出合うと中和されて、それぞれの性質を失ってしまう。だから、魚料理にレモンじるをかけると、生ぐさい味もレモンのすっぱさもなくなって、よりおいしく食べられるようになるんだよ。

レモンをそえた魚料理

人生は
にくにく（肉々）しい？

#肉を安全に食べる方法　#寄生虫

週末の午後にのんびりくつろいでいるトム

お…もう
1時じゃん？

グ〜
キュルルル…

母さん
昼ごはんは？

ちょうどそうじも
終わるから
ごはんにしようか

ガバッ

しん室をそうじ中のお母さん

ん？
これは…

調子にのってエイミに教えを説くトム

そして

ほんとにおいしそう！

牛肉はさっとあぶったほうがおいしい部位もあります

生焼けの肉を食べても大じょう夫？

寄生虫

寄生虫は、他の生物にくっついて養分を吸い取りながら生きている虫だよ。その中には生物の命をおびやかす危険な寄生虫もいるんだ。

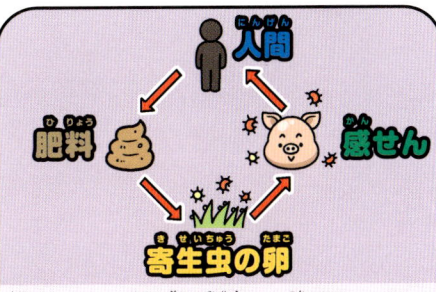

人間　肥料　感せん　寄生虫の卵

昔はヒトのはいせつ物を肥料として使っていたけれど、中にかくれていた寄生虫の卵が農作物にまかれて、家ちくが寄生虫に感せんすることが多かったんだ。

牛肉　65度以上で消える

ブタ肉　77度以上で消える

寄生虫に感せんした家ちくを殺すと、肉に寄生虫が残っている可能性がある。感せんを防ぐためには、肉を高温で焼く必要があるよ。

家ちくを飼料で育てるようになってからは寄生虫による感せんはほとんどなくなったけど、今もお肉には食中毒の危険がある。できるだけよく焼こうね。

となりのサイエンス

ソーセージの皮の正体

ソーセージとは、うすいまくである「ケーシング」に味つけしたひき肉をつめた食べ物だよ。食べるときに皮だと思っている部分は、ケーシングなんだ。ケーシングは羊、ブタ、牛などの腸やコラーゲン、ビニールなどを使ってつくられる。中でもビニールでできたケーシングは食べられないから、調理前に取り除くのを忘れずに。

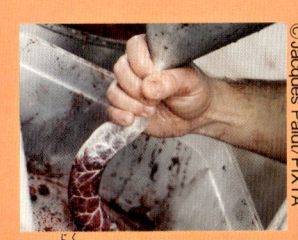

ひき肉をケーシングにつめこむ様子

4

冷たい雲製造機

#ドライアイス　#しょうか

ピンポーン

あら 母さんの
お友だちだわ

いらっしゃい〜
あら それは何？

子どもたちの
おやつにと
思ってね

お母さんの
お友だちから
おみやげ？

ピンポーン

おやつの知らせを聞きつけたエイミ

おばさん
こんにちは

ペコリ

エイミちゃん
元気だった？

アイスクリーム
いただいたのよ
お兄ちゃんと
食べなさい

うわ
やった〜！

キラリン

野心満々の計画を立てるエイミ

これはドライアイスだよ

食べ物の運はのがさないトムなのです

となりのまめ知識

危険なドライアイス!?

ドライアイスは二酸化炭素を圧縮してこおらせた固体で、表面温度はなんとマイナス79度ぐらいなんだって。

ドライアイスが手にふれると、皮ふの温度が急に下がって、とう傷になることもあるから、気をつけよう。

ドライアイスは風通しのよい場所に置くか、冷水につけて完全にとかして処理しなければならないよ。

ほら 表面温度がすごく低いからこうやって水のボトルを近づけるだけですぐにこおるはずだぞ

バリバリ!

そ そんなに?

ひぃ!

きん張

ドライアイスは必ず保護者といっしょにあつかってね

シーン…

ん？ちがうな

だと思った

ネット検さくしたら冷水をかけてとかして包装だけ分別して捨てればいいって

熱湯をかけたらばく発するかもしれないから注意か〜

ジャー

な 何？すごいけむり!

どうなってるんだ!?

モク

モク

モク

ジジ

ジジ

そのとおり！　ドライアイスのけむりはステージの演出にもよく使われるんだよ

Q ドライアイスはどうして けむりが出るの？

固体状態の二酸化炭素であるドライアイスは、常温では固体からすぐに気体に変化する特ちょうがあるよ。このように、固体が液体状態を経ずにすぐに気体になる現象を「しょうか」というんだ。ドライアイスはしょうかする過程で、周辺の熱をうばって温度が下がる。このときドライアイスのまわりの水蒸気がぎょう固して水てきに変わると、白いけむりが立つように見えるんだよ。

ぎょうか　気体　液化
しょうか　気化
ゆう解
固体　液体
ぎょう固

氷を入れると液体に変わる！

ドライアイスはとけると気体になる！

となりのまめ知識

ドライアイスをトイレに捨てても大じょう夫？

ドライアイスを処分するときに、トイレに捨てるのはとっても危険。ドライアイスがとけると、二酸化炭素の体積が急激に増えるんだ。このときに増えた二酸化炭素が、トイレのはい水管に圧力を加えてしまうので、はい水管が破れつしたり、便器が割れる可能性があるよ。

それ、
おいしいってほんと？

かん国のキムチの秘密　# 発こう

2人とも
ごはんよ〜

今日の
メニュー何？

お肉ある？

ワク

ワク

お肉は
昨日も食べたでしょ
今日は野菜とおとうふが
メインよ

はい…

がっくり

お肉のメニューがなくて残念なきょうだい

やだ うっかりしてた
今日はおかずが
まだあるの

ほんと？

何なに？

ガタッ

38

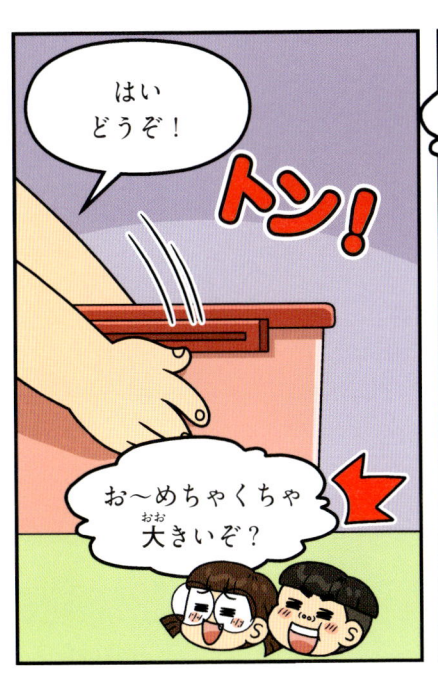

きょうだいの期待を完全に裏切ったメニューでした

キムチならではのツンとしたにおいがします

なんだかんだキムチに興味しんしんのトム

トムはすっかりキムチに夢中です

エイミにはまだ早いかな

翌日の夕方

今日もキムチメニューでお願い！

パッ

ギクッ

あら そうする？

もうすっかりトムはキムチマニアに

なんで勝手に決めるの！

エイミはちがうもの食べればいいじゃん

同じテーブルだとにおうじゃん！

その晩

エイミにとっては最悪の夕ごはんができました

こ これはいったい…！

ウワ

キムチとサバのにこみ

キムチとブタバラのにこみ

ドドンッ

キムチのチヂミ

キムチづくし…！

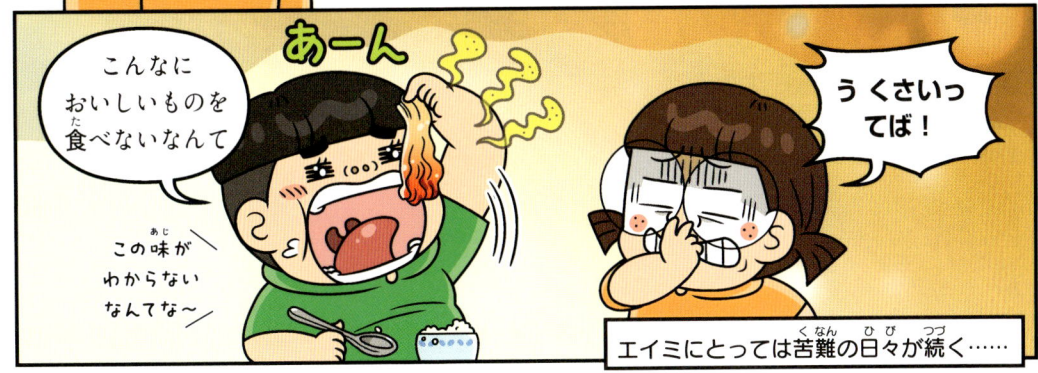

こんなにおいしいものを食べないなんて

あーん

この味がわからないなんてな～

うくさいってば！

エイミにとっては苦難の日々が続く……

数日後（すうじつご）

どうする？
ひと口（くち）だけ…？

ゴクッ

あれ!?

何（なに）これ？

シャキ
シャキ♥

ダンダダン

ドンドドン

口（くち）の中（なか）でうま味（み）が
おどってる…！

ついにキムチの味（あじ）わいがわかったエイミ！

おいしい！
すんごく
おいしい！

これなら毎日（まいにち）
食（た）べられそう！

あっでも…

パ ア ♥

このところ
キムチばかりだった
からもうないの…

からっぽ

えええええ!?
ウソ!?

ねぇ この
キムチいつ
熟成（じゅくせい）するの？

つけたてだから
まだまだよ…

ボロ…

その日からエイミの熟成（じゅくせい）待（ま）ちが始（はじ）まったのでした

Q キムチはどうして長時間たってもくさらないの？

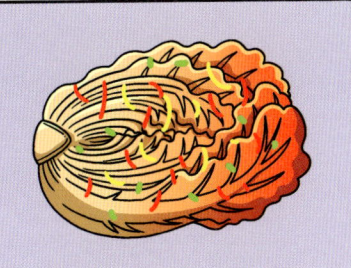

キムチは塩づけにした白菜や大根に、トウガラシの粉やネギ、塩からなどの薬味を加えて発こうさせてつくる食べ物だよ。

パッパッ
ヌリヌリ

白菜を塩づけにすると、白菜の中の水分が出てきて、び生物が活動しにくいかん境になるんだ。

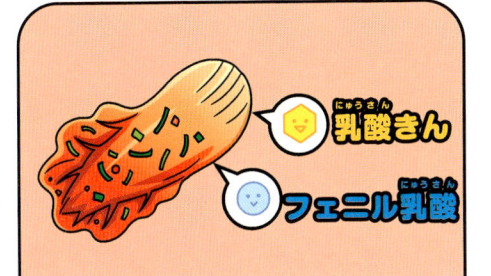

乳酸きん
フェニル乳酸

それからいろんな乳酸きんが生まれて、それによって発こうが進むんだよ。この過程で「フェニル乳酸」という物質もつくられるんだ。

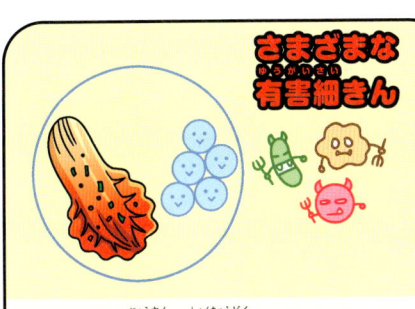

さまざまな有害細きん

フェニル乳酸は食中毒きんやカビきんをよく制する効果があるよ。天然の防ふざいとして活やくしてくれているんだ。

となりのサイエンス

息をするかめ

今では冷蔵庫でキムチを保管することがほとんどだけれど、冷蔵庫がなかった時代は、キムチをかめに入れてそれを地面にうめて保管していたんだ。かめの表面をけんび鏡で観察してみると、たくさんの小さな穴が開いている。この穴を通して新せんな酸素が運ばれて発こうが進むから、食べ物を長期間保管できたというわけなんだ。

6

伝説の
ダルゴナ達人

#炭酸水素ナトリウム　#カラメル化反応

さぁさぁ見てらっしゃい～！

ガヤー

ガヤ　ワイ

ワイ

ダルゴナ※の絵をきれいに型ぬきできたらごうか賞品をあげるよ～

1等商品

わぁ、あま～いダルゴナだ！

いいにおい～！

賞品に人形もあるよ！やってみよう！

あまあま～

あまあま～

※かん国で人気の型ぬきおかし。砂糖を熱でとかして重そうでふくらませてつくる

必ず保護者といっしょに火を使ってね

うわぁ、ふしぎだね！

砂糖をのせた鉄板の上に生地を注いで

型を置いて

そっとおせば完成！

スツ

パフ

ほらできた！

次はつまようじでダルゴナが割れないように型ぬきしてごらん

やってみます！

私も！

ドキ

ドキ

ドキ

おもしろそう！

三角

難易度 ★☆☆☆☆

⚠ とがったものをさわるときは気をつけてね

その後

うわっ!?

パリン！

あらら〜残念

ひ〜もったいない！

こっちも割れちゃった

毎度ホラばかりふいてるトムでしたが……

まず裏面をなめてダルゴナをうすくするんだ！

ペロ ペロ ペロ ペロ

きたない！

それから先でつついて少しずつはずしていくと…！

パッ パッ パッ

どう？完ぺきだろ？

すごい！

ジャーン

パッ パッ

今回ばかりはほんとでした

このイカの人形を兄ちゃんに…

ありがとうございます！

うわ お兄ちゃんすごい上手！

フフン

達人にはこれくらい朝めし前よ！

フフン

くっ…それじゃこれもやってみるかい？

のぞむところ！

1等

飛行機
難易度 ★★☆☆☆

その後

おじさん簡単すぎてつまらないですよ もっと難しいのないんですか？

な なにを…！

余ゆう

うぅ うぅ

クー

ダルゴナおじさんにもプライドがあります

とかした砂糖に重そうを入れるとどうしてふくらむの?

ダルゴナは砂糖を熱でとかしてから若干の重そうを入れてつくるよ。重そうは「炭酸水素ナトリウム」ともいうんだ。

砂糖を加熱すると、糖が分解されてねっとりした茶色の液体に変わる「カラメル化反応」が生じるよ。

重そう（炭酸水素ナトリウム）

カラメル化した砂糖に重そうを入れると、水分と熱に反応して重そうが分解され、二酸化炭素が発生するんだ。

二酸化炭素

このとき、二酸化炭素が空気中に出ていくんだけれど、のこった二酸化炭素が生地をふくらませるよ。

となりのサイエンス

炭酸水素ナトリウム

炭酸水素ナトリウムは、加熱すると二酸化炭素を発生させる性質がある。炭酸水素ナトリウムは重そうの主成分で、パンやおかしをつくるときに入れるんだ。そうすると生地がふくらんで、やわらかくふっくらとさせることができるよ。

ふっくら

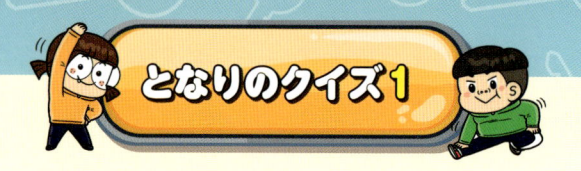

となりのクイズ1

 **穴うめクイズ** 次の文章を読んで、空らんをうめよう。

生肉を焼いて食べなければ
ならない理由は、

[   ] 感せんを防ぐためだ。

答え：

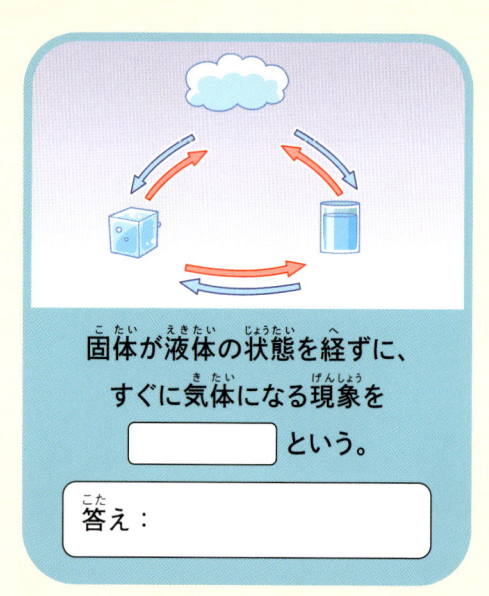

固体が液体の状態を経ずに、
すぐに気体になる現象を

[   ] という。

答え：

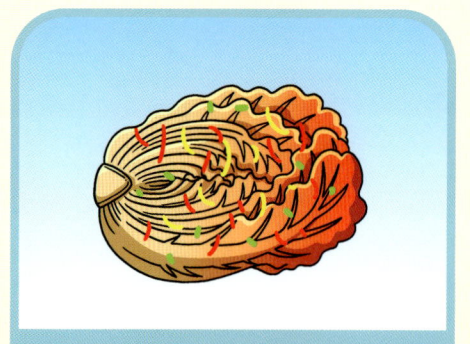

キムチは、塩づけした白菜にさまざまな
薬味を加えてから [   ]
させてつくった食べ物だ。

答え：

加熱してとかした砂糖に重そうを
入れると [   ] が
発生して、ふくらんでくる。

答え：

答え：左から時計回りに、しょうか、発生する、にさんかたんそ、二酸化炭素、はっこう

 **○Ｘ クイズ** 次の質問の正解を答えているのはトムとエイミのどちらでしょう？

Q1 ガムをたくさんかむとあごが四角くなる可能性がある

あごの関節の筋肉が発達してそうなることもある！

エイミ

VS

かたいものを食べたからって筋肉は発達しない

トム

Q2 食べ物を塩づけにすると、長期間保管できる

キムチは塩づけにするから長く保管できる

トム

VS

食べ物を塩づけにするとすぐにくさる

エイミ

Q3 生きている魚からは生ぐさいにおいはしない

そのとおり生きているときはトリメチルアミンはつくられないの！

エイミ

VS

魚は常に生ぐさくなる成分を持っているよ

トム

7

この世でいちばん
香ばしいばく発

#電子レンジのしくみ　#マイクロ波

母さん そのチョコ味 取って！

わかったよ

きょうだいはお母さんといっしょにスーパーに来ました

ほわ〜ん

ん？ 香ばしいにおいがするぞ…

ほわ〜ん

エイミ！ ポップコーンの試食だって！

うわ おいしそう！

新製品試食

ポ

ン

となりの ポップコーン

ダメ！
おやつばっかり！

58

その後

もう試食は他の人も食べられるように少しにしなさいね

ササッ

ガサ

ゴソ

ねぇポップコーンどれくらい入ってる？

よし！

この子たち全然聞いてない！

パカッ

ポップコーンのことしか頭にないきょうだい

何これ!?

パカーン

となりのポップコーン

さっき食べたのとちがうんだけど

ふくろもぺっちゃんこだ

モン

モン

裏に書いてあるとおりに電子レンジにかけてごらん

お母さんまちがえて買った？

がっかり

これにはポップコーン20個入らないよ…

はたしてどうでしょう？

59

電子レンジで調理するときは、保護者といっしょに注意事こうを確認してね

パン！

ポンポン！

パパン！

パパン！

ポン！

うわ！ふくろがパンパンになってる！

おほんとだ？

その後

ほんとに量が増えてる！

それに香ばしいにおいも！

ヒヒヒ

ポップコーンははじけると量が増えます

香ばしい！まじでうまい！

バク

バク

バク

できたて最高〜！

こうして2人は毎日ポップコーンをつくって食べました

とうとうこれが最後

もう？残念〜

ムム

カラッポ

確かポップコーンってトウモロコシなんだよな？

それならゆでたトウモロコシでもつくれるんじゃ？

他のおかし食べよっと〜

チラッ

ポップコーンには失敗したけど、別のおいしい料理が誕生したのでした

Q 電子レンジはどうやって 食べ物を温めるの？

マイクロ波 **ウィーン**
ウィーン

電子レンジは、火や熱ではない「マイクロ波」という電磁波を使って食べ物を温めるよ。

水分子の構造
酸素
水素 **水素**

マイクロ波は1秒に約25億回しん動する。マイクロ波が食べ物に吸収されると食べ物の中の水分子が激しくしん動して、活発に動くんだ。

ウイイイ

このとき、分子の運動エネルギーが周辺の物体の分子に伝わって、エネルギーを受けとった分子たちが運動しながら物体の温度を高めるんだよ。

卵 **クリ ガラスビン**

電子レンジに卵やクリ、ガラスビンなどはかけないようにしよう。温度が上がったときに内部の圧力が大きくなって、ばく発することがあるよ。

となりのサイエンス

電子レンジと電磁波

電子レンジの電磁波が人体に大きなえいきょうをおよぼすことはないよ。食べ物を温めるときに使われる電磁波はとても弱いだけでなく、電磁波は電子レンジの外部にはあまり放出されないからなんだ。でも、安全のために電子レンジが作動しているときは、30センチ以上ははなれて使うようにしよう。

ウィーン

30センチ

カラオケで起きたこと

ラララ ラララ
ラララ ラララ

#マイクのしくみ　#電気信号

おいミノル なんで
そんなにゲーム下手なんだ？
あのコントロールは
ないだろ

ガミガミ

お前を守ろうと
したからだろ！

ガミガミ

デイジー さっき
カフェでとった
自どり写真だよ

わぁ よく
とれてる〜！

ペチャ
クチャ

ペチャ
クチャ

トムとミノルはゲームセンターに、エイミとデイジーはカフェに行ってきたところ

お？

ピタッ

あれ？

きょうだいと友だちがみんな集まったね

マイクはどうやって音を大きくするの？

ダイナミックマイク

マイクは音のしん動を電気信号に変える。その変え方によってさまざまな種類に分けられるよ。カラオケでは「ダイナミックマイク」が使われている。

コイル　しん動板

磁石

ダイナミックマイクは、しん動板に円とうの形をした磁石がついていて、コイルがその磁石に巻きついているよ。

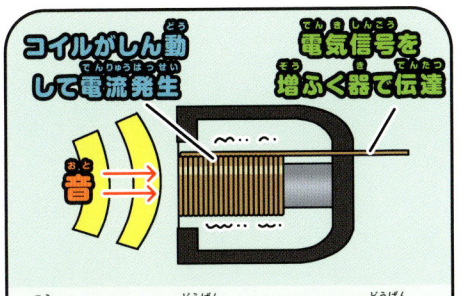

コイルがしん動して電流発生

電気信号を増ふく器で伝達

音

声がマイクのしん動板をゆらすと、しん動板につながっていたコイルがいっしょにふるえて電流が発生し、音が電気信号に変わるんだ。

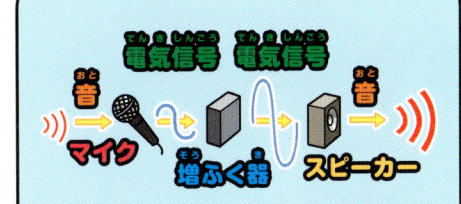

電気信号　電気信号

音　マイク　増ふく器　スピーカー　音

電気信号は増ふく器を経て大きくなり、スピーカーは増ふくした電気信号をふたたび音に変えてくれるから、大きな音が出るんだよ。

となりのサイエンス

音のしんぷく

音は物体のしん動が周囲の空気をしん動させてつくられる。そして、しん動のはばが大きければ大きいほど大きな音が出るんだ。ギターをひくときにギターのげんを強くはじくほど、げんが上下に大きくしん動してより大きな音が出るように、音のしんぷくが大きいほど、大きな音が出るんだよ。

大きなしんぷく　小さなしんぷく　小さな声　大きな声

ビー！
ブサイクです！

#顔認証　#データベース

となりの電気

ええ？
修理に2日も
かかるんですか？

なるべく努力は
しますが本日中は
きびしいですね

修理センター

2日間も
スマホなしで
いられるかな…

あらあら、トムのスマホが故障したみたい

破損状態が
ひどいですね
いったいなにが…

歩きながら
ゲームしてて

ウアア！

ボロ

ふえ〜

ガタッ！

ボロ

⚠ 道を歩きながらスマホを使うのはやめましょう

郵便はがき

料金受取人払郵便

日本橋局
承認

6255

差出有効期間
2026年3月
31日まで
（切手不要）

１０３-８７９０

９１９

（受取人）
東京都中央区日本橋本石町
1-2-1

東洋経済新報社 出版局

「となりのきょうだい」係 行

お名前	フリガナ			ペンネーム 本名でもOK
	姓	名		
ご住所	－			
メールアドレス		@		
学年		年	年齢 歳	性別
本のタイトル	理科でミラクル			編
本を知った きっかけ	①本屋 ②学校・図書館 ③お友だち ④YouTube ⑤TikTok ⑥その他( )			

*ご記入いただいたお名前、ご住所、メールアドレスについては、図書カード送付先としてのみ使用するものとします。
ペンネーム、学年、年齢、性別、ご感想については書籍の広告に使用させていただく場合がございます。
その他は企画・編集の参考にさせていただきます。なお、当選の発表は発送をもってかえさせていただきます。

「となりのきょうだい」をもっとおもしろくするために、みんなの感想を送ってね。

抽選で毎月**10**名のみんなに図書カード(**1000**円分)があたるよ!

 本の感想や好きなところ・イラストを書いてね。

ご協力ありがとうございました。

これ以上は無理だ！

エイミあのさ…

何？

スマホの修理センターに電話番号伝えるのうっかりしてさ

あさって受け取りに行けばいいじゃん

でも　もし早く終わったら エイミの電話に連らくしてもらおうと思ってさ

それ今するの？

終わったらすぐ返してね

オーケーサンキュ！

ススッ

ガッ！

もしもし？さきほどのトムと申します！

え？ボクひとりで聞かないとならない話ですか？

何なの？なんだかあやしい…

ダダダ

ポリポリ

どうもあやしいトム

74

75

翌朝（よくあさ）

スヤスヤ
グーグー
ススヤ
グーグー

ブルブル

ふふ
ぐっすり
ねてるな！

ソロリ
ソロリ
ソロリ

スマホ
借りちゃう
ぞ〜

グースカ

ロックを解除（かいじょ）
してと…

ピタッ

何（なに）？
顔認証（かおにんしょう）ロック!?

顔認証（かおにんしょう）ロック

カメラに顔（かお）を映（うつ）して
ロックを解除（かいじょ）して
ください

万全（ばんぜん）

管理（かんり）

想定外（そうていがい）のハードルにつまずくトム

76

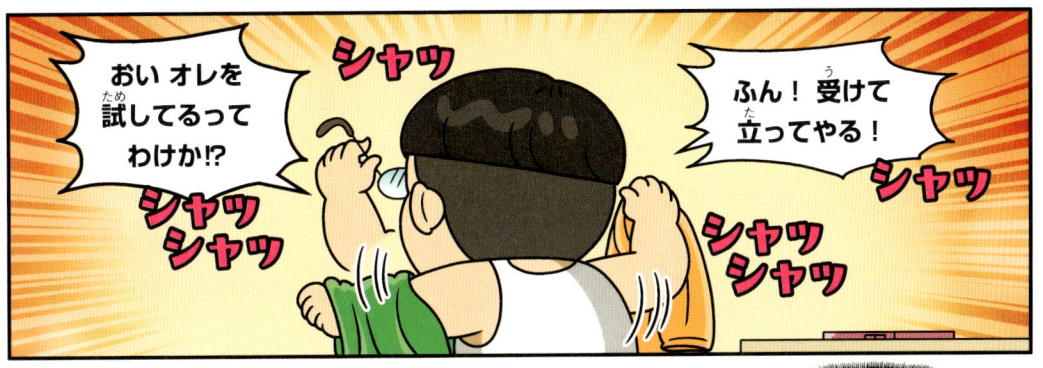

そこまでする？

複雑な気持ちになるトムなのでした

顔認証技術は どうやって判断してるの?

指もん、顔、こうさいなど個人の生体情報を利用して人を識別する技術を「生体認識技術」というよ。顔認証技術は生体認識技術のひとつで、人の顔のなりたちをはあくして、人を認識する技術なんだ。カメラを通じて目鼻口の形や大きさ、顔の骨格、目とまゆ毛の間のきょりなど、個人の特ちょうをスキャンしてデータ化したあと、このデータをデータベースに保存された情報と比かくして人を識別したり、見つけ出したりする。顔認証技術はスマートフォンのロック解除だけでなく、空港の出入国しん査、銀行業務など多くの場所で活用されているよ。

顔認証技術の過程

①顔の生体情報をスキャンしてデータ化

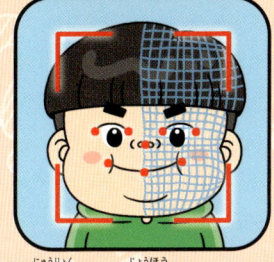

②入力された情報とデータベースを比かく

③一ちするデータを見つけて本人かどうかを確認

となりのまめ知識

顔認証技術のデメリット

顔認証技術が広く使われるようになるにつれて、さまざまな心配の声も出てきているんだ。個人の情報を収集することは、プライバシーのしん害になり、個人をかん視するための道具として使われるおそれがある。だから、こうした問題を解決して技術を安全に活用するために、さまざまな議論がなされているんだって。

出入り口のドアに使われている顔認証技術

PM2.5よりも危ないのは?

#空気清じょう機　#フィルター

ある週末の朝

ふわぁ〜
よくねた〜！

だる〜

今ごろ
起きたの？

窓閉めて
ないで かん気
しないと

ちょっ
開けないで！

ウプ！
なんだよ
これ!?

早く閉めて！
今日はPM2.5が
ひどいんだってば！

本当に深刻な問題だね

どっちがホコリを
たくさんつくれるか
勝負してみる？

いいよ
おもしろそう！

負けた人が
皿洗いな！

いいね！

空気清じょう機をとにかく使いたいきょうだいなのです

その後

準備できた？
私からね

どうぞ〜

そっちは？
準備するものないの？
余ゆうだね

いいから
さっさと始めろよ

パン

ダダダダダ！

パン

ごくろうな
こった…

まくらのホコリ
いきまーす！

パン

パン

パン

パン

まくらをたたいてホコリを出すエイミ！

もう洗ざいまで切れてる…あれ…？

スッ

何年もホコリのたまったお皿！

ピコン

これだ！

エイミは何を考えているのかな？

その後

また勝負するの？自信あるわけ？

うん！今度はアイスクリームで勝負！負けても泣かないでね

どうぞお先に〜

後かいしないね？

ニヤ

フウウウウ！

おやるな？

パラパラ

ウィーン！

パラパラ

黄色いランプがついたね！

Q 空気清じょう機はどうやって空気をきれいにするの？

空気清じょう機は、空気の中のホコリや細きんを取り除く装置のこと。フィルターを利用しておせん物質を吸い取り、ろ過してくれる。

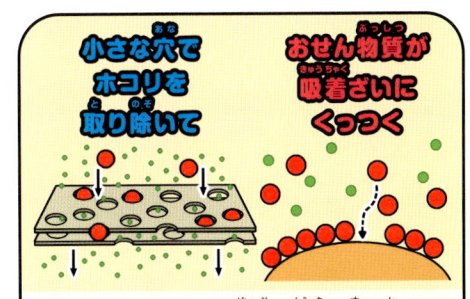

小さな穴でホコリを取り除いて
おせん物質が吸着ざいにくっつく

モーターがまわりながら外部の空気を吸い取ると、フィルターの穴がホコリを取り除き、フィルターの吸着ざいにはにおいを発生させる物質がくっつくよ。

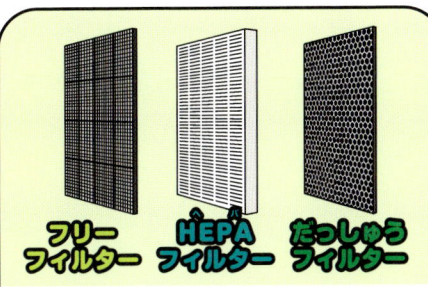

フリーフィルター　HEPAフィルター　だっしゅうフィルター

空気清じょう機にはいっぱん的に3つのフィルターがあって、それぞれフィルターが取り除けるおせん物質の種類や大きさはちがうんだ。

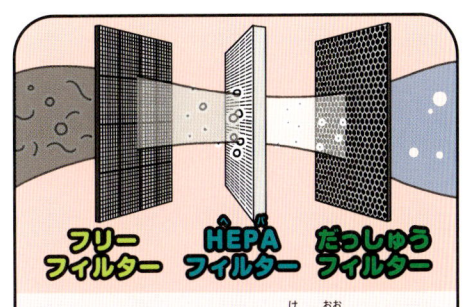

フリーフィルター　HEPAフィルター　だっしゅうフィルター

「フリーフィルター」はかみの毛や大きなホコリ、「HEPAフィルター」は細かいホコリ、「だっしゅうフィルター」は悪しゅうを取り除くよ。

となりのサイエンス

PM2.5とかん気

5分だけガマンしよう…！

PM2.5がひどい日はなるべく窓を閉めて、外部からPM2.5が入ってこないようにしよう。でも、室内で油を使ったり、料理をしたり、そうじをしたりしたあとは、室内の空気のほうが悪い場合もあるから、短時間でもいいからかん気をするようにしよう。

きょうふの
トイレオバケ

#かぎ　#じょう

せっかくの週末に
おつかいだなんて…

しかも大好きな
アニメ映画の
時間なのに

トボ

トボ

こっちは
ミノルとゲーム
してたのにさ…

2人はおつかいの帰り道

あれ
あのビルは…？

お兄ちゃん
あのうわさ知ってる？
あそこ オバケが
出るんだって

オバケ？

88

もう
こんな時間だ

早く
帰らないと

母さんに
おこられるぞ

キュルルル

げ いきなり
おなかが…！

こんな
タイミングで
もよおすなんて

いちばん近い
ビルのトイレに
入ろう！

ササッ

あれ ここって
オバケの出る
ビルか!?

ザワ

ザワ

いや オバケなんて
いるはずない！

早くしないと
もらしかねない！

あのぅ…！

ダダダ

ダダダ

むんず

ギャー
オバケだ！

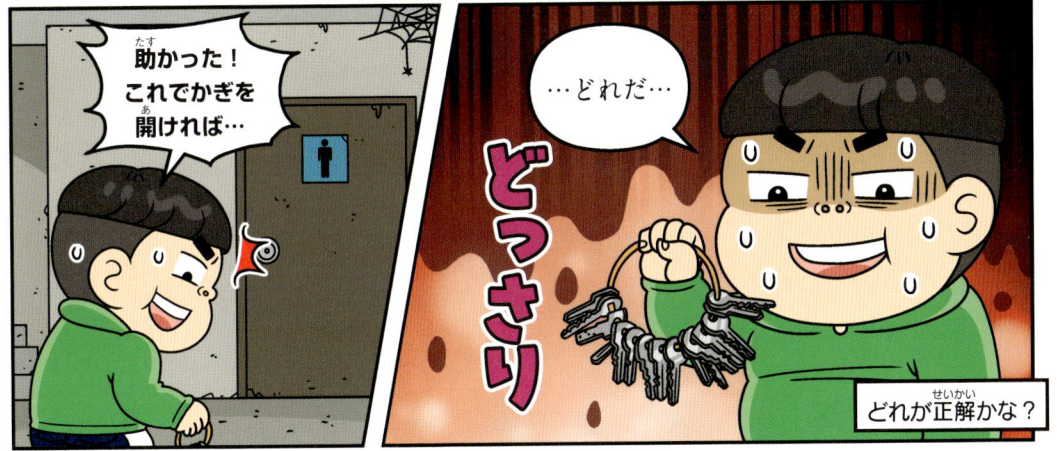

助けてください！
トイレに人が
います！

助けて！

警備員
さん！

2時間後

ここわいよ…
スマホの電池
切れて電話も
できない…

ブル ブル ブル

いくら呼んでも
だれも来ないって
あの警備員さんも
オバケとか…？

なんと2時間も閉じこめられているみたい

うう オバケのいる
ビルなんて入るんじゃ
なかった

あれ ドアノブの
下に何か書いてある
なみだでよく
見えない…

うっすら…

引く

引…く…？

引く

うん……？

ウソだろ
まさか…

パタッ

ジャラン

2時間もうんこ
してたのかい？

ずっと待ってたから
帰れなかったよ…

……

赤面

ドアを引くところを、ずっとおしていたみたい！

今日のことは墓場まで持っていくとちかったトムでした

94

Q かぎのかかったとびらをどうやって開けるの？

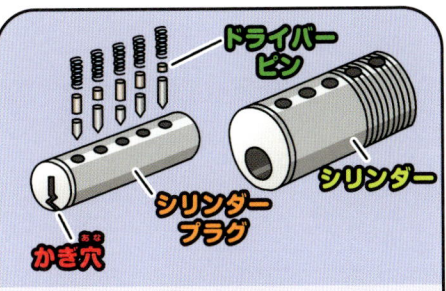

ドライバーピン
シリンダー
シリンダープラグ
かぎ穴

「シリンダーじょう」はよく使われているじょうのひとつだよ。「シリンダー」の中に「シリンダープラグ」が入っていて、二重円とう構造になっている。

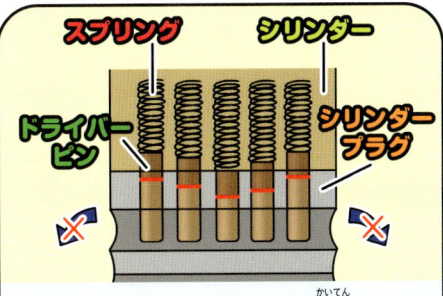

スプリング
シリンダー
ドライバーピン
シリンダープラグ

シリンダーじょうは、シリンダープラグが回転してかぎが開くんだ。ふだんはドライバーピンがシリンダーとシリンダープラグの間にはさまっていて動かせないよ。

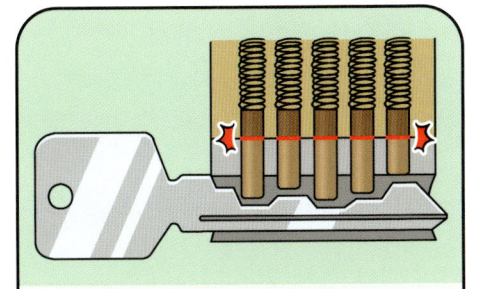

でもシリンダープラグにかぎを差しこむと、ドライバーピンが一直線に上に上がってシリンダープラグが回転するようになっているんだよ。

このときかぎを回すと、シリンダープラグもいっしょに回転して、かぎが開くというわけなんだ。

となりのサイエンス

古代エジプトのじょう

人類の歴史上、はじめてのじょうは、紀元前 2000 年の古代エジプトで発明されたそうだよ。当時のじょうはとびらに対して横にかける「かけ金」の中につくられた装置だったんだ。じょうの中にはピンがあって、かぎが入ってピンを上におし上げるとかぎが開くようになっていたよ。

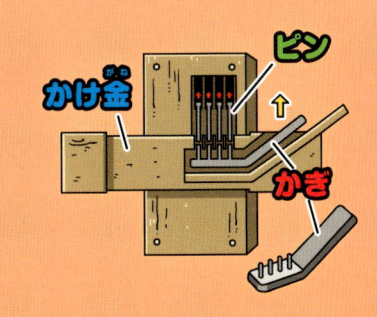

ピン
かけ金
かぎ

12

雨の日の あやしい きょうだい

#酸化反応　#金属がさびる理由

モコと公園に散歩に来たきょうだい

キラキラ

キラキラ ♥

あ
ミミさん！

自転車に
乗ってるミミも
かわいいなあ！

ドキ

ドキ

ドキ

自転車に乗っているミミに見とれるトム

あら
2人でモコの
散歩？

うん
ミミは自転車
乗りに来たの？

ここで会う
なんてね〜

うん ときどき
自転車乗りに
来るの

運動もかねて
気持ちいいよ

そうなんだ

トムとエイミは
自転車ないの？
ここでいっしょに乗ったら
楽しいのに

ミミと
自転車デート？

ドキュン！

思わず口がすべったのでは…

ロマンチック ♥

いつのまにか、エイミはいないことになっているトム

その日の午後

え？ 自転車が ほしい？

お願い！ 一生の お願い！

自転車買ってくれたら 言うことも聞くし 勉強もがんばる！

エイミも 乗せてあげるし 約束するぅ〜

ちょっと はなして！

ユサ ユサ

必死すぎる…

自転車なら あるわよ！

小学生のとき 買ってあげた じゃない？

数日乗っただけで ほったらかしにして…

ひ えぇ!? えっ

自転車があったって？

自転車 買ってよ〜!!

まったく…

お思い出した！

やほー！ 自転車乗って くるよ！

バタ バタ

待って！

午後から 雨降るみたいだから レインコートを持って ヘルメットも 忘れないでね！

は〜い！

エイミ オレのも よろしく！

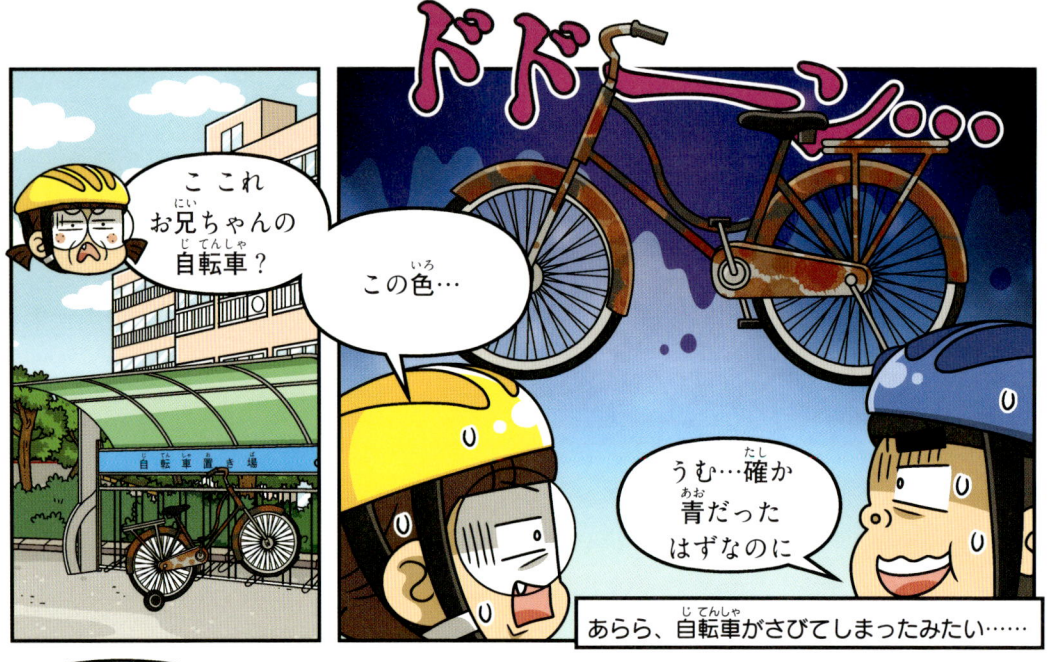

※日本では16さい以上の人がチャイルドシートを使って小学校入学前の子どもを乗せるとき以外、自転車の2人乗りは法令で禁止されているよ

ところが、家に帰ると中でふしぎなことが起こったのです

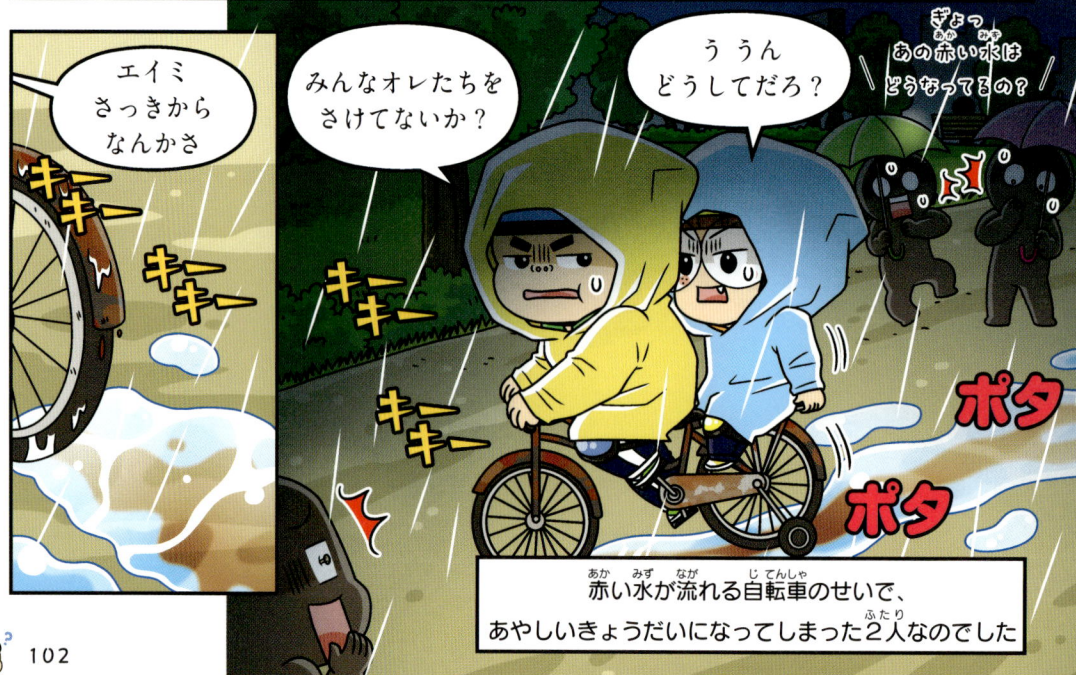

赤い水が流れる自転車のせいで、
あやしいきょうだいになってしまった2人なのでした

金属はなぜ時間がたつとさびるの？

ある物質が酸素と結合することを「酸化」というよ。金属は水や空気の中に長時間さらされると表面が赤くなったり青く変化してさびてくるんだけど、これは金属が水や空気中にある酸素と結合して酸化反応が起きたからなんだ。こうしてさびた金属は強度が弱くなり、割れやすくなる。アメリカのニューヨークにある自由の女神像が青緑色なのも、酸化反応と関連しているんだよ。自由の女神像は80トンをこえる銅をとかしてつくったもので、初期には銅の本来の色で赤みを帯びていたんだ。けど、時間がたつにつれて少しずつ表面が酸化して青緑色になったんだよ。

最初に設置された当時の姿 → 今の姿

となりのまめ知識

さびた鉄はさわらないで！

さびた鉄の表面には、有害な細きんやび生物が生きているんだ。さびた金属によってケガをした場合、きちんと治りょうしないと破傷風きんに感せんすることもある。破傷風きんに感せんすると、頭痛や発熱が起きて、ひどい場合は死にいたるケースもあるから、さびた金属はなるべくさわらないようにしよう。

わ！気をつけないと

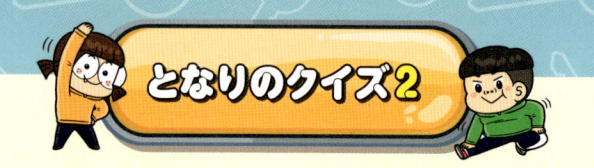

 次の文章を読んで、空らんをうめよう。

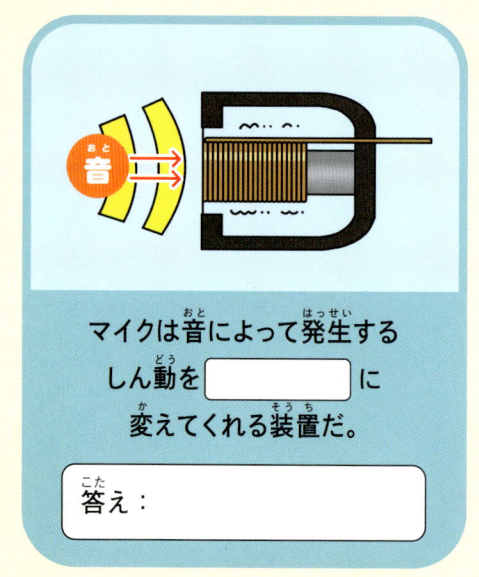

マイクは音によって発生する
しん動を [　　　　] に
変えてくれる装置だ。

答え：

[　　　　] 技術は
人の顔のつくりをはあくして
認識する技術だ。

答え：

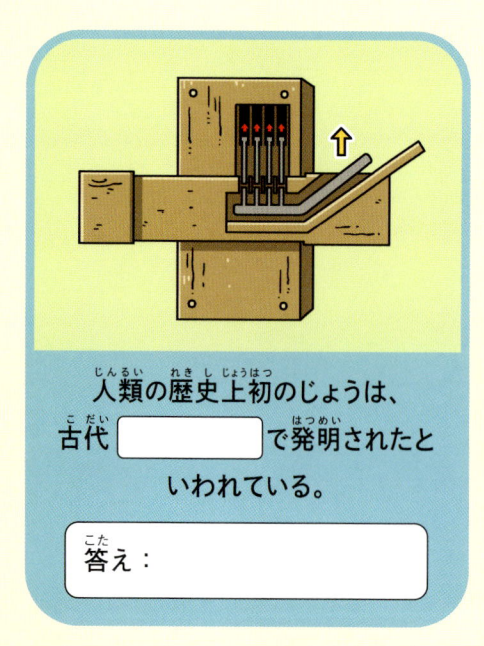

人類の歴史上初のじょうは、
古代 [　　　　] で発明されたと
いわれている。

答え：

金属は水や空気中の [　　　　] に
長い間さらされていると、
表面が赤く変化してさびる。

答え：

答え：左から順に、電気信号、顔認証、エジプト、酸素

答え：よこ　①とうるい（糖類）　②にさんかたんそ（二酸化炭素）
　　　たて　③にゅうさんきん（乳酸きん）　④まいくろは（マイクロ波）

たてのヒント

③ キムチの発こうを進めてくれる細きん

④ 電子レンジなどでものを温めるときに出す電磁波

よこのヒント

① すの原料のひとつで、あまみを出す成分

② パンやおさけの生地や生地に重そうを入れるとふくらむのは、○○○○○○○○が発生するから。

問題をよく読んで、下の答らんをうめよう。

クロスワード パズル

13

シュンシュン〜
どいて、どいて〜♬

#自転車　#輪じく

ちょっと？
いったい何が
あったの？

自転車乗りに
行ったんだけど…
雨が降ってきて

ビショ
ビショ

自転車から
さび水が出て
きちゃってさ…

雨とさび水でびしょびしょの2人

かぜひいちゃう
わよ　早くシャワー
あびなさい

はい…

結局、自転車を修理しに来ました

よろつきながらも転ばないトム

このままグラつきながら、町内を一周したトムなのでした

自転車は どんな原理で動いているの？

自転車は、ペダルをふむ力でタイヤを回して動かす乗り物だよ。「輪じく」の原理を使っているから、小さな力でも簡単に動かすことができる。輪じくは、1つのじくに直径の長いタイヤと短いタイヤを固定させて同時に回転するようにつくった装置で、大きなタイヤが1周するとき小さなタイヤは何度も回転して、力が小さくても物体を動かすことができるんだ。自転車のペダルには大きなギアが、後ろのタイヤには小さなギアがある。それらがチェーンでつながっていて、ペダルをひとこぎすると、後ろのタイヤが何回か回転する。そうすると自転車が動くんだ。

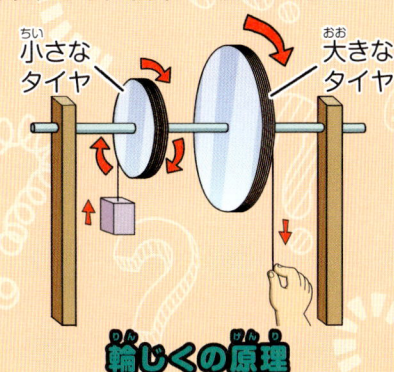

小さなタイヤ
大きなタイヤ

輪じくの原理

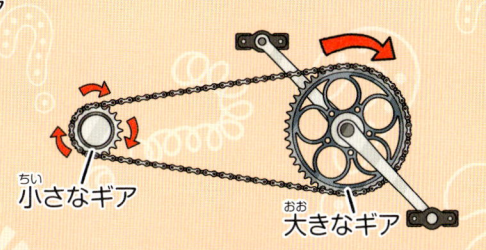

小さなギア
大きなギア

輪じくの原理を利用した自転車ギア

となりのまめ知識

自転車はどうやってできたの？

最初の自転車は、ドイツのカール・フォン・ドライスはくしゃくが1817年に発明した「ドライジーネ」だとされている。当初は足で地面をけるスタイルだったけれど、ペダルがつくようになり、しだいに速さを求めて前輪を大きくした自転車が流行したんだ。でも、乗り心地が悪くて改良が進み、1885年にイギリスのジョン・ケンブ・スタンレーが現在の自転車にいちばん近い形をつくったよ。

前輪の大きい自転車

14

色とりどり 玉がポンポン!

#真空そうじ機　#気圧差

ただいま〜

バタン

んふ〜

かわいい〜 いい感じ〜

カチャ

カチャ

ワンワン

エイミが何かをつくっているみたい

何してんだ？

テーブルの上 散らかして…

ブレスレット つくってるの！

モコ いい子にしてた？

ナデ

ナデ

中学生にだって人気なんだから！

ミミさんだって好きなはず

え ミミも？

ミミの話になると、がぜんやる気になるトム

ビーズをひもに通してブレスレットにするとこんなにかわいいんだから！

お…？

サッ

どう？名前だって入れられるよ かわいいでしょ？

シャラン♡

シャラン♡

うん 思ったよりいいじゃん

上手につくれたね！

お兄ちゃんが手づくりしてミミさんにあげたらすっごく喜ぶだろうな～

そ そうか？

さっきはごめん！つくり方教えてよ！

やる気

116

それから

ちゃんと順序があるの

そこの星の位置ちがうんだけど

は〜 おそいしセンスもないし そんなんでどうするの？

ガ ガマンするんだ この程度のくつじょく…！

オラオラ

イラァ

ミミのために、くつじょくをガマンするトム！

できた！ どう？

ジャラン

どれどれ

どうして こんなに大きいの？ ネックレス？

ねえ

オレの手首に合わせて ゆるめにしたんだよ

ミミさん用じゃないの!? しかもぶかぶかだと かわいくないし！

トム

ミミ

え そうなの？

ちぇっ ここを ちょっと切って またくくれば…

ガ

ハサミじゃないと切れないよ！

Q 真空そうじ機はどうやってホコリを吸い取るの？

真空そうじ機は、気圧差で生じる空気の流れを利用してそうじする器具なんだ。気圧差は大気の圧力の差のことをいうよ。例えば、空気は気圧が高いところから低いところへ流れる。真空そうじ機を動かすと、モーターが力強く回転してそうじ機の内部の空気を外におし出すんだ。そうすると、そうじ機の内部は気圧が低くなって、相対的に気圧が高い外部の空気がホコリや異物といっしょにそうじ機の内部に吸いこまれるというわけ。こうやって吸収されたホコリや異物はフィルターにかけられて、空気中にはい出されるよ。

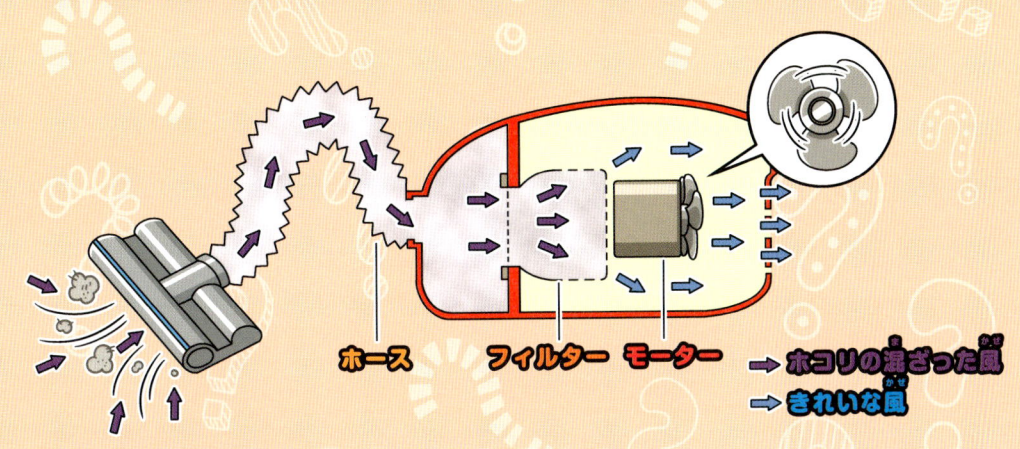

ホース　　フィルター　モーター　　→ ホコリの混ざった風
　　　　　　　　　　　　　　　　　→ きれいな風

となりのまめ知識

気圧差を利用した道具、ストロー

飲み物を飲むときに使うストローも、気圧差を利用しているよ。吸いこむ前は、飲み物の表面とストローの中の圧力は同じ。でも吸いこむと、ストローの中の空気は口の中に入り、圧力は周囲の空気の圧力よりも低くなる。このときに発生する圧力の差で、コップの中の飲み物がストローの中に入ってくるというわけなんだ。

空気が上にいく

空気の圧力

15 今の音間いた？

#ブルートゥース　#電磁放射線

エイミがだれかを待っているみたい

エイミが待っていたのは宅配便でした

ちょうどトムが学校から帰ってきたよ

124

イヤホンはトムの毒ガスまみれに…

126

オバケじゃないけれど、だれかがついてきてるね

こうしてエイミのワイヤレスイヤホンは、最期をむかえたのでした

Q ワイヤレスイヤホンはどうして線がないのに聞こえるの?

電線なしで電気信号を音きょう信号に変かんして音を聞かせてくれるワイヤレスイヤホンは、「ブルートゥース」を使って作動する。ブルートゥースは電磁放射線のひとつであるマイクロ波を使って、近いきょりなら無線でデータをやりとりできる無線通信技術のことなんだ。マイクロ波は電磁放射線の中でも波長は短いけれど、信号があまり切れないからブルートゥースやWi-Fiといった近きょりの無線通信技術によく使われているよ。ブルートゥース技術を活用すると、電線なしで、同時にいくつもの機器をつなぐことができるんだ。

となりのまめ知識

ブルートゥースの名前の由来

「青い歯」という意味を持った「ブルートゥース（bluetooth）」は、デンマークとノルウェーの国王ハーラル1世のあだ名からとった名前だよ。ハーラル1世は、10世紀ごろにスカンジナビア半島を平和的に統一したことで知られている。ブルートゥースも、いくつもの無線通信装置を1つにまとめる技術を持つという意味から、こうした名前がつけられたんだ。

私はブルーベリーが好きで「青歯王」とも呼ばれていたんだよ!!

畑事件の秘密

#タイヤ　#まさつ力

標木のある
ところには植物を
植えてもいいのね

あ　ここにも
標木があるね！
ここに植えよう！

マンションに家庭菜園のスペースができたみたい

そうね この黄色い
標木のある
ところにしようか

きょうだいにも小さな畑ができました

私が持ってきた種
植えてもいい？

半分はオレの
土地だぞ！

いいけど
何の種？

134

Q タイヤにはどうして模様（もよう）があるの？

自転車（じてんしゃ）や自動車（じどうしゃ）のタイヤにはいろんな模様（もよう）が刻（きざ）まれている。タイヤの模様は、タイヤと地面（じめん）の間（あいだ）のまさつ力（りょく）を調節（ちょうせつ）する役割（やくわり）があるんだ。

自動車（じどうしゃ）はじゃり道（みち）や雪道（ゆきみち）など、さまざまなかん境（きょう）で走（はし）る。そのときタイヤと地面（じめん）の間（あいだ）にまさつ力（りょく）がないと、すべって事故（じこ）が起（お）きてしまうんだ。

それから、雨（あめ）や雪（ゆき）が降（ふ）ると、タイヤと地面（じめん）の間（あいだ）に水（みず）のまくができて、タイヤが地面（じめん）にきちんと接（せっ）しょくできない「水（みず）まく現象（げんしょう）」が起（お）きることもある。

模様（もよう）のあるタイヤ / **模様（もよう）のないタイヤ**

みぞに水（みず）が流（なが）れ落（お）ちていく / 水（みず）が流（なが）れ出（で）ていかない

タイヤに模様（もよう）があると、水（みず）はみぞから流（なが）れて「水（みず）まく現象（げんしょう）」を防（ふせ）いでくれるんだよ。

となりのサイエンス

模様（もよう）のないレース用（よう）タイヤ

レース用（よう）の自動車（じどうしゃ）に使（つか）われる「スリックタイヤ」は、模様（もよう）がなくて表面（ひょうめん）がツルツルしている。それは、タイヤと地面（じめん）があたる面（めん）を最大化（さいだいか）して自動車（じどうしゃ）のスピードを上（あ）げるためだよ。スリックタイヤは、かんそうしたなめらかな道路（どうろ）では速（はや）くて安定（あんてい）して走（はし）ることができるけど、雨（あめ）がたくさん降（ふ）ったり、でこぼこした道（みち）では、すべりやすいから使（つか）ってはいけないんだ。

クラウディが
ういた!

#ドローン　#重力とよう力

あぁ 思ったより
貯金箱に
お金ないなあ

チャリン

へそくりまで
合わせても
3500円…

あとといくら
いるんだっけ？

エイミは何かほしいものがあるみたい

へ？ 2000円も
足りない？これじゃ
買えないよ…

シュン

ドローン
5500円

おもちゃのドローンを買いたいのかな？

エイミったら、お小づかいをかせぐつもりだね

公園にとう着

シュイイイイイ

クラウディ
出動〜！

スイイイイ〜

わあ
すごーい

ドローンは広い場所で保護者といっしょに使いましょう

ブーン

操縦も思った
より簡単！

どうしてあんなに
自由に飛べるんだ？
ふしぎだな〜

10分後

エイミ
1回でいいから
やらせてくれ

料金は50円に
なります〜

プリ〜〜〜ズ

ほっんとにケチだな！
50円はらえば
いいんだろ！

ニッ

はい　お客様
少々お待ちを〜

チェッ

141

フィリリリー

シューン

ミノルのドローン操縦のうで前は相当なもの！

すごい！

すっごい上手！どうやるの？教えて！

こんなのたいしたことないって

フフフ

ここんなのオレだってできるぞ！

キラン

チェッ

これは上級レベルのテクだから初心者には無理だね～

フィリリー

危ない！ぶつかる！

ゲゲフッ

おい 左に行けよ！ 左！

待って待って！

バカにするなよ！オレだってできる…！

ブーン

ササッ

あれ 2つのドローンが近すぎないかな？

2つのドローンがしょうとつ！

相手のせいにしようとする男たち

エイミはショックを受けたみたい

こうしてクラウディの最初で最後の飛行は幕を閉じたのでした

Q ドローンはどうやって空を飛ぶの？

ドローンは人が乗らなくても無線で操縦できる無人飛行物体のことだよ。ドローンの種類や形はいろいろあるけれど、よく目にするのは、本体にいくつかのプロペラがついているタイプ。ヘリコプターみたいに、かっ走路がなくても空中に飛べるのは、モーターがついたプロペラのおかげなんだ。プロペラがまわることでドローンを引き上げる力「よう力」が発生するよ。このときドローンに作用する「重力」よりも、よう力のほうが大きいとドローンが空中にうかぶんだ。それからドローンの運動方向に作用する力「推力」と空気のていこうで生じる「こう力」が、たがいに反対方向に作用する。このとき、推力がこう力よりも強いと、運動方向にドローンが移動するというわけなんだ。

となりのサイエンス

ドローンの活用

ドローンは 1917 年にはじめて発明されたんだ。最初は軍事用として、戦争や軍事訓練に使われていた。やがて技術が発達してセンサーやカメラなどさまざまな機能を持ったドローンが開発され、活用されるはん囲も広がっていったんだ。今は、さつえい、運ぱん、農業事業、人命救助など、いろんな分野で活用されているよ。

モノを運ぶドローン

18

秋の夜の真実ゲーム

ビリビリ

#ウソ　#ウソ発見器

星がよく見えるね
風も気持ちいい！

夜の散歩でも
たくさんの人が
いるな〜

家族みんなと夜のお散歩で公園に来たよ

友だちも
来るって言って
なかった？

キョロ

キョロ

近くにいるって
言ってたけど…

あ
いたいた！

ここに
いたんだ！

おエイミ
トム！
こっちこっち

ヨォ！

146

149

どどどどど！　キャアアア！

ガバッ

なんなの
よ〜

ふん　自分の
ほうがかわいい
とでも？

ムッ

プン

ウソ発見器は
ウソだって

ヒリ
ヒリ

どっちも傷つく質問だったね

次は
ミノルさん！

自分がクラスで
いちばんかっこいいと
思いますか？

それは事実でしょ？
はい　思います

ニッ

ムッ

なんだって？

プン

クラスで
いちばんかっこいいのは
オレだって言ってただろ？
ウソだったのか？

こんどはオレの番
同じ質問ばかりだから

……

ティントン
テーン

新しい質問
してみていい？

え？

プン

ニヤ

となりの男たちの友情にもひび？

あなたは学校で
おならをしたことが
ありますか？

フプ

ビク

当たり前だろ！
でもミミの前で
そんな質問するなんて！

プシューン

トゥトゥトゥ

あわ

あわ

ふざけるなよ
もちろんないよ！

はたして結果は…？

カパッ

イデデッ
ガマンだ！

ほら ウソ発見器が
ほんとだって

でも
ティントンテーン
って鳴らないね

ま まさか…

ブル ブル

電気ショック
ガマンしたの？

まじか…
すげえ！

エラーかなんかかな？
じゃミミの番

なんだ 心配
したよ〜

ウル
ウル

ビリビリした痛みにこっそりなみだを流すトム

ミミに何を
質問
しよう？

ゴクリ

Q ウソ発見器はどうやって ウソを見ぬくの?

トムが割ったの? / ちがうよ? / 実はウソ…

人はふつうウソをつくとき、脈はく、呼吸、心ぱく数などに変化が出る。ウソ発見器はこうした変化を測定して、ウソをついているかどうか判断するんだ。

自然だったぞ… / バク / バク / あやしい…

おもちゃのウソ発見器は、ウソをついたときにあらわれるさまざまな身体変化のうち、人の体に流れる電気量の変化を測定してウソを判断するよ。

きん張することで手に流れる電気量が変化すれば、おもちゃの発見器がこれを感知して、ウソだと判断するんだ。

まだウソつくつもり? / ビビッ / ビビッ / ビビッ

ウソ発見器は犯罪そう査でも使われているけれど、ウソによる身体変化は人それぞれちがいがあるから、参考程度として活用されているよ。

となりのサイエンス

ウソをついたときの行動

人はウソをつくと、不安をかくすためにある行動をくり返すことがあるんだ。代表的な例だと、口元を手でかくしたり、鼻をさわったりする行動や、目を不自然にこすったり、おおったりする行動などがある。でも、こうした行動をとったからといって、絶対にウソをついていると決めつけてはいけないよ。

冷蔵庫のアイスクリームどこ? / ん? 何? モコが食べたのかな? / ポリ ポリ

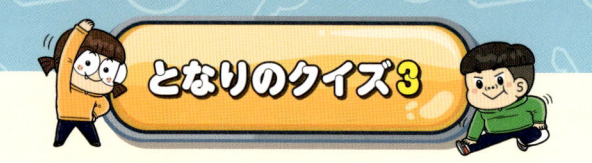

次の文章を読んで、空らんをうめよう。

1つのじくに直径の長い車輪と短い車輪を同時に固定させていっしょに動かす装置を　　　　　という。

答え：

ストローは　　　　　を利用して飲み物を吸い上げる道具だ。

答え：

タイヤの表面の模様は、タイヤと地面の間の　　　　　を調節する役割をする。

答え：

ドローンは人が乗らなくても、無線で操縦できる　　　　　飛行物体だ。

答え：

答え：左上から時計回りに、輪じく、気圧差、無人、まさつ力

 トムの質問とエイミの返事をよく読んで正解を当ててみよう。

Q この技術の名前は何でしょうか？

トム
1つめの質問！　どんな分野の技術？

エイミ
情報通信分野の技術だよ

トム
2つめの質問！　電磁放射線を使う技術？

エイミ
うん　マイクロ波を使うね

トム
3つめの質問！　実生活でも広く使われてる？

エイミ
うん　今日も使ったよ

トム
最後の質問！　この技術がないときはどうしてた？

エイミ
いくつかの機器を集めて線でつないでたよ！

トム
わかった！　正解は＿＿＿＿＿＿だ

＋ ｜ 送信

となりのレベルアップ

01 次のうち、ガムに関するものとして、正しくないものを選びなさい（2つ）

① ガムベース自体からあま味が出る

② ガムベースはあみ目状態になっている

③ ガムをかむと、あま味は10〜30分ほど続く

④ ガムはかめばかむほどあごが細くなる

02 次のうち、かめの説明として、正しくないものを選びなさい

① しょう油やみそ、キムチを保管するときに使う

② 表面にたくさんの穴が開いている

③ 空気が出入りできないように内部を完全にしゃ断する

④ 土でできている

03 次のうち、パン生地に重そうを入れたときに起こることをすべて選びなさい（2つ）

① パン生地がふくらんでくる

② パン生地がやわらかくなりおいしくなる

③ パンが石のようにかたくなる

④ パンがしょっぱくなる

04 次のうち、魚料理にレモンじるをかける理由として、正しいものを選びなさい

① 魚の生ぐささの原因である塩基性物質を中和するため

② 魚はすっぱい味をきらうから

③ 酸味で舌をまひさせるため

④ レモンじるをかけるのがはやっているから

05 （　　　　）の中に入る正しい答えを選びなさい

音は物体の（　　　　）が周囲の空気を（　　　　）させてつくられる

① 感動
② しん動
③ ピンポン
④ 冷とう

06 次のうち、ドライアイスについての説明として、正しいものをすべて選びなさい（2つ）

① 水をこおらせてつくる物質だ
② ものを熱いまま保管するときに使う
③ 絶対に素手でさわってはいけない
④ かん気ができる場所に置くか、冷水でとかして処理する

07 次のうち、電子レンジの説明として、正しくないものを選びなさい

① マイクロ波を利用する
② 何を入れてもいい
③ 食べ物の中の水分子が激しくしん動して熱を出す
④ 食べ物を温めるときに使う

06 空気清じょう機が空気をじょう化する原理を説明した絵を見て、空らんに入る言葉の正しい組み合わせを選びなさい

小さな穴がホコリを　　Ⓐ

おせん物質が吸着ざいに　　Ⓑ

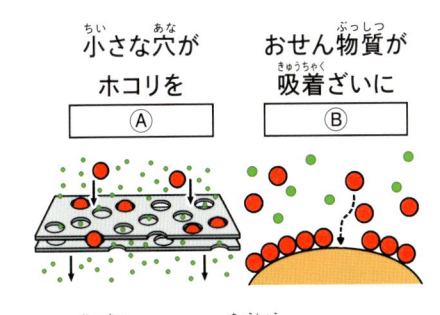

① Ⓐ除去する　Ⓑ吸収される
② Ⓐ取り除く　Ⓑくっつく
③ Ⓐくっつく　Ⓑ取り除かれる
④ Ⓐ吸収する　Ⓑ飛び出す

[09～10] 次の写真を見て質問に答え
なさい

09 上の写真のように、長い間放置され
た金属がふ食してさびるのは、「○
○反応」のせいです。「○○」とは
何でしょう

（　　　　　　　　　）

10 上の写真の現象について、まち
がった話をしている人を選びなさい
（2人）

① トム：金属が酸素に長い間さらされ
て発生した現象だよ
② エイミ：色が変わっただけで金属の
性質は変わってないよ
③ デイジー：この現象が起こると、金属
はもっと固くなるよ
④ ミノル：色の変わった金属でケガをす
ると、破傷風きんに感せんする場合
もあるよ

11 次の説明を読んで、（　　　）の中の
2つの言葉のうち、正しいものを選び
なさい

自転車はペダルにつながった大きなギ
アが1回転するときに、後ろのタイヤの
小さいギアが（1回/数回）回転するよ
うに設計されている。

12 次のうち、PM2.5がひどい日の注意
点として、正しくないものを選びなさ
い

① 外に出て長時間運動する
② 外出のときにマスクをつける
③ 手足をきれいに洗う
④ 料理、そうじなどのあとは、少しかん
気をするとよい

13 次の説明のうち、自動車のタイヤに模様がある理由として、正しくないものを選びなさい

① タイヤのまさつ力を調節するため

② さまざまなかん境で走行できるようにするため

③ タイヤを重たくするため

④ 水まく現象を防ぐため

14 次のうち、模様のないレース用タイヤを使うのに適したかん境をすべて選びなさい（2つ）

① かんそうした道路

② 雨の降る道路

③ でこぼこの道路

④ ツルツルの道路

15 次のイラストは、ドローンがうかぶときに作用する力を表現したものです。空らんに入る言葉として、正しい組み合わせを選びなさい

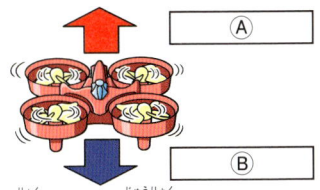

① Ⓐよう力　Ⓑ重力

② Ⓐ体力　Ⓑ努力

③ Ⓐ重力　Ⓑよう力

④ Ⓐみ力　Ⓑ圧力

16 次のうち、ドローンが活用される分野として、正しくないものを選びなさい

① 映像さつえい

② 人命救助

③ ものの運ぱん

④ 穴ほり

最後に問題を全部解いたか、もう一度確かめてから160ページにある正解を確認しよう

となりのレベルアップ 正解（せいかい）

01	①、④	02	③	03	①、②	04	①	05	②
06	③、④	07	②	08	②	09	酸化（さんか）	10	②、③
11	数回（すうかい）	12	①	13	③	14	①、④	15	①	16	④

> 問題（もんだい）をしっかり読（よ）めば難（むずか）しくないよ！

> まちがえたらもう一度（いちど）やってみよう

キミのレベルは？

レベルアップテストの正解（せいかい）を確認（かくにん）して、正解（せいかい）した数（かず）からレベルをチェックしてみよう

0〜5個（こ）

スクスク育（そだ）て！
若手（わかて）レベル

6〜12個（こ）

探検（たんけん）に出発（しゅっぱつ）しよう！
探検（たんけん）レベル

13〜16個（こ）

私（わたし）に任（まか）せて！
博士（はかせ）レベル

表しょう状

頭の回転が速いで賞

なまえ：

あなたは頭の回転が速いだけでなく
日常のできごとにも興味を持って
『となりのきょうだい 理科でミラクル
もののしくみを大研究編』を最後まで読み
18個の問題をすべて解決したので
ここに表しょういたします。

20　年　月　日

となりの解決団　トム＆エイミ

東洋経済新報社

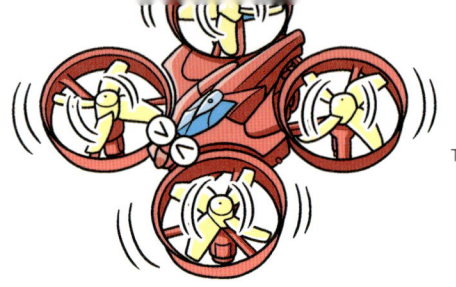

흔한남매의 흔한 호기심 7

2025年2月4日　第1刷発行
2025年3月21日　第2刷発行

となりの きょうだい
理科でミラクル
もののしくみを大研究編

原作　となりのきょうだい

ストーリー　アン・チヒョン

まんが　ユ・ナニ

監修　イ・ジョンモ／となりのきょうだいカンパニー

訳　となりのしまい

発行者　山田徹也

発行所　東洋経済新報社
〒103-8345 東京都中央区日本橋本石町1-2-1
電話＝東洋経済コールセンター 03(6386)1040
https://toyokeizai.net/

ブックデザイン　bookwall

DTP　天龍社

印刷　港北メディアサービス

編集担当　河面佐和子／能井聡子

Printed in Japan　ISBN 978-4-492-85008-4